Behnaz Aghayani
Behnam Aghayani

Pragas das culturas

Behnaz Aghayani
Behnam Aghayani

Pragas das culturas

ScienciaScripts

Imprint
Any brand names and product names mentioned in this book are subject to trademark, brand or patent protection and are trademarks or registered trademarks of their respective holders. The use of brand names, product names, common names, trade names, product descriptions etc. even without a particular marking in this work is in no way to be construed to mean that such names may be regarded as unrestricted in respect of trademark and brand protection legislation and could thus be used by anyone.

Cover image: www.ingimage.com

This book is a translation from the original published under ISBN 978-620-2-30161-9.

Publisher:
Sciencia Scripts
is a trademark of
Dodo Books Indian Ocean Ltd. and OmniScriptum S.R.L publishing group

120 High Road, East Finchley, London, N2 9ED, United Kingdom
Str. Armeneasca 28/1, office 1, Chisinau MD-2012, Republic of Moldova, Europe
Managing Directors: Ieva Konstantinova, Victoria Ursu
info@omniscriptum.com

Printed at: see last page
ISBN: 978-620-8-51422-8

Índice

Capítulo 1 5
Capítulo 2 6
Capítulo 3 7
Capítulo 4 8
Capítulo 5 9
Capítulo 6 10
Capítulo 7 11
Capítulo 8 12
Capítulo 9 13
Capítulo 10 14
Capítulo 11 15
Capítulo 12 16
Capítulo 13 17
Capítulo 14 18
Capítulo 15 19
Capítulo 16 20
Capítulo 17 21
Capítulo 18 22
Capítulo 19 23
Capítulo 20 24
Capítulo 21 25
Capítulo 22 26
Capítulo 23 27
Capítulo 24 28
Capítulo 25 29
Capítulo 26 30
Capítulo 27 31
Capítulo 28 32
Capítulo 29 33
Capítulo 30 34
Capítulo 31 35
Capítulo 32 36

Capítulo 33 37
Capítulo 34 38
Capítulo 35 39
Capítulo 36 40
Capítulo 37 41
Capítulo 38 42
Capítulo 39 43
Capítulo 40 44
Capítulo 41 45
Capítulo 42 46
Capítulo 43 47
Capítulo 44 48
Capítulo 45 49
Capítulo 46 50
Capítulo 47 51
Capítulo 48 52
Capítulo 49 53
Capítulo 50 54
Capítulo 51 55
Capítulo 52 56
Capítulo 53 57
Capítulo 54 58
Capítulo 55 59
Capítulo 56 60
Capítulo 57 61
Capítulo 58 62
Capítulo 59 63
Capítulo 60 64
Capítulo 61 65
Capítulo 62 66
Capítulo 63 67
Capítulo 64 68
Capítulo 65 69
Capítulo 66 70
Capítulo 67 71

Capítulo 68 ... 72
Capítulo 69 ... 73
Capítulo 70 ... 74
Capítulo 71 ... 75
Capítulo 72 ... 76
Capítulo 73 ... 77
Capítulo 74 ... 78
Capítulo 75 ... 79
Capítulo 76 ... 80
Capítulo 77 ... 81
Capítulo 78 ... 82
Capítulo 79 ... 83
Capítulo 80 ... 84
Capítulo 81 ... 85
Capítulo 82 ... 86
Capítulo 83 ... 87
Capítulo 84 ... 88
Capítulo 85 ... 89
Capítulo 86 ... 90
Capítulo 87 ... 91
Capítulo 88 ... 92
Capítulo 89 ... 93
Capítulo 90 ... 94
Capítulo 91 ... 95
Capítulo 92 ... 96
Capítulo 93 ... 97
Capítulo 94 ... 98
Capítulo 95 ... 99
Capítulo 96 ... 100
Capítulo 97 ... 101
Capítulo 98 ... 102
Capítulo 99 ... 103
Capítulo 100 ... 104
Capítulo 101 ... 105
Capítulo 102 ... 106

Capítulo 103 107
Capítulo 104 108
Capítulo 105 109
Capítulo 106 110
Capítulo 107 111
Capítulo 108 112
Capítulo 109 113
Capítulo 110 114
Capítulo 111 115
Capítulo 112 116
Capítulo 113 117
Capítulo 114 118
Capítulo 115 119
Capítulo 116 120
Capítulo 117 121
Capítulo 118 122
Capítulo 119 123
Capítulo 120 124
Capítulo 121 125
Capítulo 122 126
Capítulo 123 127
Capítulo 124 128
Capítulo 125 129
Capítulo 126 130
Capítulo 127 131
Capítulo 128 132
Capítulo 129 133
Capítulo 130 134
Capítulo 131 135
Capítulo 132 136
Capítulo 133 137
Referências 138

Capítulo 1

Broca do caule do arroz

Nome científico: *Chilo suppressalis*

Sintomas:

- cabeças brancas
- folhas anormais
- espiga sem sementes
- rosetação e atrofiamento
- zonas necróticas nas folhas
- apodrecimento
- coração morto

Métodos de controlo:

- vespas parasitóides
- insecticidas (por exemplo, *Cartap, Diazinon* e *Lindane)*
- cultivo de cultivares de estação precoce

Capítulo 2

Mosca da serra do caule do trigo

Nome científico: *Cephus pygmaeus*

Sintomas:

- descolorações das sementes
- descoloração do caule
- descoloração da panícula
- secagem da panícula
- haste partida
- grãos vazios nas sementes

Métodos de controlo:

- aragem profunda
- queima de restos vegetais
- rotação de culturas
- cultivo de cultivares resistentes

Capítulo 3

Pulgão do trigo tóxico

Nome científico: *Toxoptera graminum*

Sintomas:

- enrolamento de folhas
- folha de trigo com estrias distintivas
- estrias brancas e roxas nas folhas
- atrofia
- crescimento achatado
- estrias vermelhas no caule

Métodos de controlo:

- cultivo de cultivares resistentes
- vespas parasitóides
- besouros joaninhas (por exemplo, *Coccinella spp.* e *Hippodamia spp.)*
- fungos entomopatogénicos
- crisopídeos *(Chrysopa spp.)*

Capítulo 4

Traça do nabo

Nome científico: *Agrotis segetum*

Sintomas:

- deixando pequenos orifícios irregulares nas folhas
- alimentação externa em folhas
- folhas que caem
- pequenos orifícios nos caules ou caules cortados
- murcha de plantas

Métodos de controlo:

- aragem profunda
- destruição de resíduos de culturas
- organofosforados
- utilização de armadilhas com feromonas
- vespas parasitóides
- disco

Capítulo 5

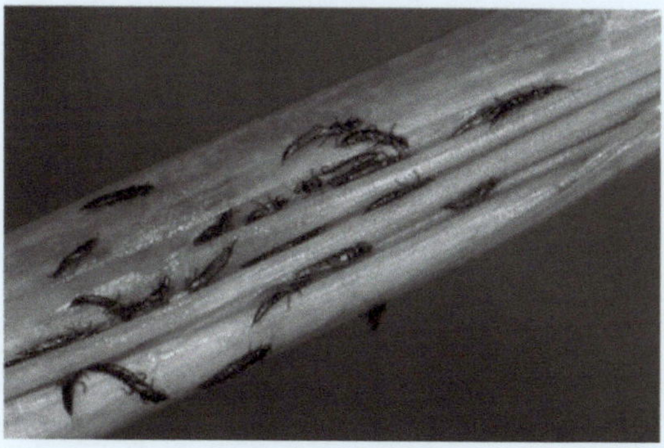

Viagens de trigo

Nome científico: *Haplothrips tritici*

Sintomas:

- enrolamento de folhas
- manchas prateadas nas folhas
- reduzir a cultura do trigo
- perda de peso de sementes
- parar de crescer

Métodos de controlo:

- aragem profunda
- rotação de culturas
- inimigos naturais (por exemplo, *Paratinus femoralis)*
- inseticida-fungicida
- organofosforados (por exemplo, *malatião* e *diazinão)*

Capítulo 6

Besouro do grão de trigo

Nome científico: *Anisoplia austriaca*

Sintomas:

- cortar a raiz
- reduzir a cultura do trigo
- grãos vazios nas sementes

Métodos de controlo:

- aragem profunda
- *Metarhizium anisoplia*
- sem controlo químico

Capítulo 7

Pragas solares

Nome científico: *Eurygaster integriceps*

Sintomas:

- descoloração da panícula
- as inflorescências ficam torcidas e deformadas
- as folhas ficam amarelas ou mortas
- descolorações das sementes
- grãos vazios nas sementes
- coração morto
- sementes murchas

Métodos de controlo:

- colheita antecipada
- parasitóides oófagos
- vespas parasitóides (por exemplo, *Trissolcus semistriatus* e *Trissolcus vassilievi)*

Capítulo 8

Gafanhoto verde

Nome científico: *Cicadella viridis*

Sintomas:

- grãos vazios nas sementes
- mancha amarela da folha
- perda de peso de sementes
- parar de crescer

Métodos de controlo:

- inimigos naturais (por exemplo, *Microvelia spp.)*
- organofosforados
- coberturas de fileiras flutuantes
- joaninhas e crisopídeos
- sabão inseticida
- insecticidas orgânicos

Capítulo 9

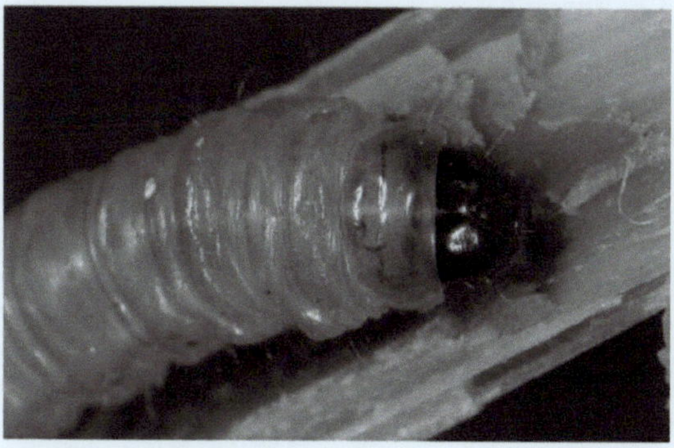

Broca do caule rosa

Nome científico: *Sesamia nonagrioides*

Sintomas:

- descoloração da panícula
- grãos vazios nas sementes
- borras visíveis
- coração morto
- vassoura-de-bruxa

Métodos de controlo:

- destruição de resíduos de culturas
- sementeira precoce
- utilização de armadilhas com feromonas
- *Lydella thompsoni*
- vespas parasitóides (por exemplo, *Trichogramma spp.)*

Capítulo 10

Minerador de folhas de trigo

Nome científico: *Syringopais temperatella*

Sintomas:

- mancha nas folhas
- folhas murchas
- as folhas murcham

Métodos de controlo:

- rotação de culturas
- cultivo de cultivares de estação precoce
- utilização do *diazinão*
- vespas parasitóides (por exemplo, *Solenotus spp.)*

Capítulo 11

Escaravelho das folhas dos cereais

Nome científico: *Oulema melanopus*

Sintomas:

- alimentação externa
- orifícios estreitos entre as nervuras das folhas
- reduzir a colheita
- riscas longitudinais nas folhas

Métodos de controlo:

- Lavrar o restolho imediatamente após a colheita
- parasitóides (por exemplo, *Anaphes flavipes, Tetrastichus julis* e *Diaparsis temporalis')*
- inimigos naturais (por exemplo, *joaninhas)*
- sem controlo químico

Capítulo 12

Besouro da batata do Colorado

Nome científico: *Leptinotarsa decemlineata*

Sintomas:

- alimentação externa

Métodos de controlo:

- rotação de culturas
- destruição de restos de cultura
- parasitoide (por exemplo, *Myiopharus doryphorae")*
- inimigos naturais (por exemplo, crisopídeos *verdes* e *percevejos espinhosos)*
- insecticidas
- estirpes da bactéria *Bacillus thuringiensis*

Capítulo 13

Borboleta branca da couve

Nome científico: *Pieris brassicae*

Sintomas:

- alimentação externa
- buracos nas folhas
- desfoliação
- fura as cabeças de couve

Métodos de controlo:

- insecticidas (por exemplo, *deltametrina, cipermetrina, malatião* e *fenitrotião)*
- inimigos naturais (por exemplo, *Anilastus ebeninus* e *Phryxe vulgaris)*
- cultivo de cultivares resistentes
- organofosforados
- parasitóides (por exemplo, *Cotesia glomerata* e *Pteromalus puparum)*

Capítulo 14

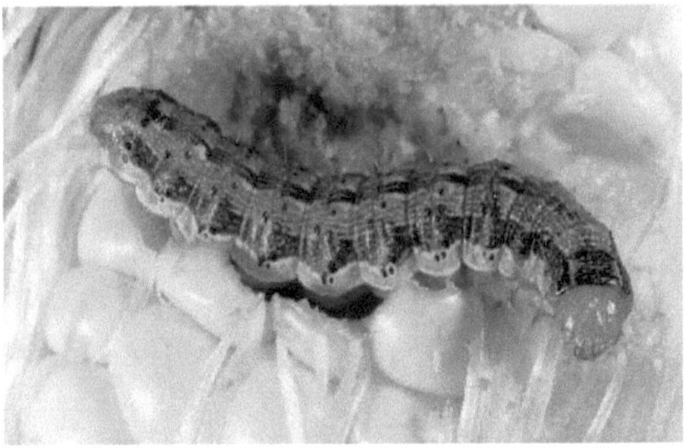

Bicho da espiga do milho

Nome científico: *Helicoverpa zea*

Sintomas:

- alimentação externa
- alimentação interna
- perfurações em série na folha apical

Métodos de controlo:

- vespas parasitóides (por exemplo, *Trichogramma spp.)*
- aragem profunda
- cultivo de cultivares resistentes
- insecticidas (por exemplo, *piretróides, sulprofos, tiodicarbe* e *acefato)*
- inimigos naturais (por exemplo, *Bacillus thuringiensis)*
- desarrolhamento
- utilização de armadilhas com feromonas

Capítulo 15

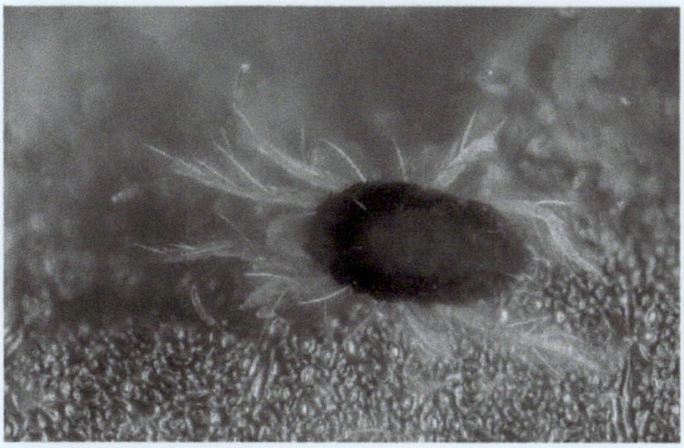

Ácaro da aranha de duas manchas

Nome científico: *Tetranychus urticae*

Sintomas:

- cores anormais das folhas
- queda anormal de folhas
- teia de folhas
- manchas amarelas nas folhas
- as folhas têm um aspeto bronzeado ou prateado

Métodos de controlo:

- inimigos naturais (por exemplo, *Stethorus gilvifrons, Orius* e *Phytoseiulus persimilis)*
- inibidores da respiração mitocondrial (por exemplo, *piridabena* e *tebufenepirade)*
- insecticidas botânicos
- mistura de *Dicofol* e *Tetradifão*
- Pulverizações *acaricidas*

Capítulo 16

Traça do verme do arroz

Nome científico: *Cirphis unipuncta*

Sintomas:

- desfoliação irregular das folhas
- alimentação externa

Métodos de controlo:

- insecticidas
- armadilhas de feromonas e de luz negra
- espécies de parasitóides himenópteros e dípteros
- inimigos naturais
- vespas parasitóides (por exemplo, *Trichogramma spp.* e *Telenomns minimus')*
- organofosforados

Capítulo 17

Gafanhoto do deserto

Nome científico: *Schistocerca gregaria*

Sintomas:

- teia de folhas
- alimentação externa
- triturar folhas
- borra visível

Métodos de controlo:

- inundando-os e enterrando-os
- assustar os enxames fazendo barulho
- insecticidas
- pesticidas (por exemplo, *piretróides, reguladores do crescimento dos insectos)*
- inimigos naturais
- parasitóides

Capítulo 18

Lagarta-do-cartucho da beterraba

Nome científico: *Spodoptera exigua*

Sintomas:

- alimentação externa

Métodos de controlo:

- aragem profunda
- inimigos naturais
- pesticidas
- parasitóides (por exemplo, *Chelonus insularis* e *Meteorus autographae)*
- organofosforados

Capítulo 19

Escaravelho da semente do feijão-frade

Nome científico: *Callosobruchus maculatus*

Sintomas:

- alimentação interna
- buracos nas sementes

Métodos de controlo:

- inimigos naturais
- vespas parasitóides (por exemplo, *Eupelmus spp., Dinarmus spp.* e *Uscana spp.)*
- organofosforados
- cultura intercalar de milho com feijão-frade
- cultivo de cultivares resistentes

Capítulo 20

Gorgulho da alfafa

Nome científico: *Hypera postica*

Sintomas:

- alimentação interna
- alimentação externa
- aborrecimento
- as folhas secam rapidamente
- feno de má qualidade
- atraso no crescimento das plantas
- redução do alongamento do caule

Métodos de controlo:

- inimigos naturais
- culturas intercalares
- corte precoce
- parasitóides

Capítulo 21

Gorgulho da cereja

Nome científico: *Rhynchites auratus*

Sintomas:

- pequenos orifícios nos frutos verdes
- queda de frutos
- frutos verdes mosqueados

Métodos de controlo:

- organofosforados
- piretróides
- lavoura de outono e lavoura de outono com irrigação de inverno

Capítulo 22

Mosca branca da folha de prata

Nome científico: *Bemisia tabaci*

Sintomas:

- amarelecimento das veias
- amarelecimento das folhas
- manchas amarelas nas folhas
- mosaico amarelo de folhas
- enrolamento de folhas
- melada ou bolor fuliginoso das folhas

Métodos de controlo:

- culturas intercalares
- inimigos naturais
- pesticidas
- parasitóides
- aragem profunda

Capítulo 23

Mosca do melão do Baluchistão

Nome científico: *Myiopardalis pardalina*

Sintomas:

- buracos nos frutos
- podridão dos frutos
- alimentação interna
- descoloração dos frutos
- odor desagradável de fruta

Métodos de controlo:

- insecticidas (por exemplo, *piretróides* e *carbamatos)*
- utilização de armadilhas com feromonas
- organofosforados
- rotação de culturas

Capítulo 24

Vespa de sementes de amêndoa

Nome científico: *Eurytoma amygdali*

Sintomas:

- reduções no rendimento e na qualidade da cultura
- minúsculo orifício circular de saída nas sementes

Métodos de controlo:

- insecticidas (por exemplo, *piretróides)*
- utilização de armadilhas com feromonas sexuais
- cultivo de cultivares resistentes
- parasitóides

Capítulo 25

Gorgulho das nozes

Nome científico: *Curculio nucum*

Sintomas:

- cicatrizes fora do fruto
- alimentação interna
- alimentação externa
- excrementos de frutos

Métodos de controlo:

- insecticidas (com *metomil, tiaclopride* e *deltametrina)*
- nemátodos entomopatogénicos
- pesticidas

Capítulo 26

Traça euro-asiática do girassol

Nome científico: *Homoeosoma nebulella*

Sintomas:

- aquénios vazios
- danos na cultura secundária de girassol

Métodos de controlo:

- cultura de variedades "testáceas" de girassol
- lavoura profunda após a colheita do girassol
- insecticidas
- armadilhas de feromonas sexuais
- armadilhas de feromonas-água

Capítulo 27

Mosca-da-abóbora-pequena

Nome científico: *Dacus ciliados*

Sintomas:

- descoloração dos frutos
- bolor extenso de frutos
- gomose
- alimentação interna
- odor desagradável de fruta
- orifício de saída óbvio no fruto
- exsudação de frutos

Métodos de controlo:

- inimigos naturais
- insecticidas
- rotação de culturas

Capítulo 28

Mosca da fruta da cereja

Nome científico: *Rhagoletis cerasi*

Sintomas:

- alimentação interna
- orifício de saída óbvio no fruto
- descoloração dos frutos

Métodos de controlo:

- insecticidas (por exemplo, *Fenthion, Phosmet* e *Dimetoato)*
- parasitóides
- predadores
- armadilhas adesivas amarelas
- feromona que marca o hospedeiro
- técnica de insectos esterilizados
- nemátodos entomopatogénicos

Capítulo 29

Traça-leopardo

Nome científico: *Zeuzera pyrina*

Sintomas:

- alimentação interna dos caules
- borras visíveis
- dicas de tiro ao alvo

Métodos de controlo:

- pesticidas
- organofosforados
- ectoparasitóide
- inimigos naturais
- armadilhas de perturbação do acasalamento.

Capítulo 30

Besouro joaninha do melão

Nome científico: *Epilachna chrysomelina*

Sintomas:

- frutos disformes
- empolamento das folhas
- amarelecimento
- distorções

Métodos de controlo:

- remoção de resíduos de plantas de cucurbitáceas após a colheita
- lavoura de outono
- rotação de culturas
- organofosforados
- nemátodos entomopatogénicos
- carbamatos

Capítulo 31

Cochonilha dos citrinos

Nome científico: *Pianococcus citri*

Sintomas:

- clorose foliar
- necrose radicular
- inchaços da raiz e do caule
- forma anormal dos frutos
- queda prematura de frutos
- melada ou bolor fuliginoso
- murcha
- cores anormais das folhas

Métodos de controlo:

inimigos naturais

insecticidas

feromona sexual

Capítulo 32

Escala de almofada de algodão

Nome científico: *Icerya purchasi*

Sintomas:

- queda anormal de folhas
- melada ou bolor fuliginoso das folhas
- anão
- alimentação externa
- murcha

Métodos de controlo:

- inimigos naturais
- insecticidas
- pesticidas
- parasitóides

Capítulo 33

Pulgão do feijão preto

Nome científico: *Aphis fabae*

Sintomas:

- alimentação externa
- melada ou bolor fuliginoso
- murcha
- folhas amareladas
- anão

Métodos de controlo:

- inimigos naturais
- organofosforados
- acetamipride
- fungos entomopatogénicos
- endoparasitóides

Capítulo 34

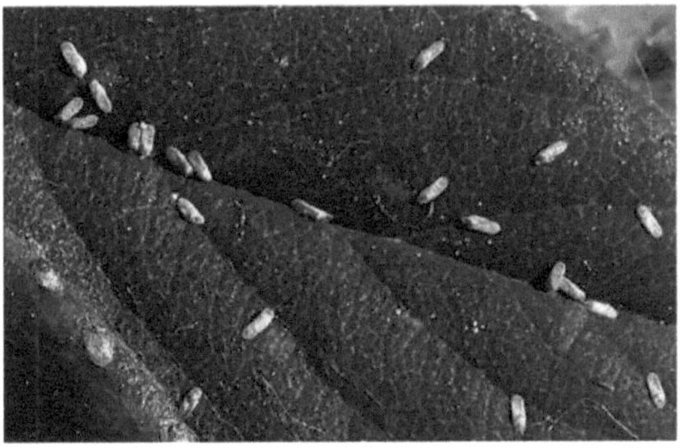

Escama de azeitona

Nome científico: *Parlatoria oleae*

Sintomas:

- forma anormal dos frutos
- descoloração dos frutos
- queda prematura de frutos
- folhas amareladas
- murcha
- alimentação externa

Métodos de controlo:

- organofosforados
- parasitóides (por exemplo, *Aphytis maculicornis)*
- pesticidas
- eliminação dos frutos caídos

Capítulo 35

Escama de concha de ostra

Nome científico: *Lepidosaphes ulmi*

Sintomas:

- forma anormal dos frutos
- descoloração dos frutos
- queda prematura de frutos
- cores anormais das folhas
- murcha
- alimentação externa

Métodos de controlo:

- inimigos naturais
- organofosforados
- óleos brancos
- ectoparasitóides afelinídeos

Capítulo 36

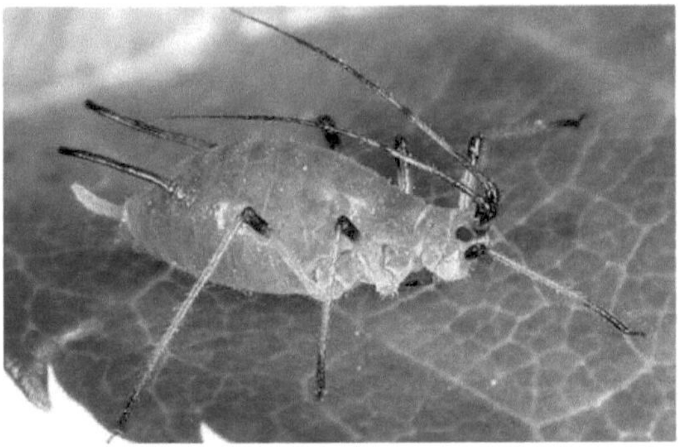

Pulgão-das-rosas

Nome científico: *Macrosiphum rosae*

Sintomas:

- distorção
- melada ou bolor fuliginoso
- formas anormais das folhas
- murcha
- anão
- atrofia

Métodos de controlo:

- pesticidas
- organofosforados
- endoparasitóide

Capítulo 37

Pulgão das couves

Nome científico: *Brevicoryne brassicae*

Sintomas:

- alimentação externa
- melada ou bolor fuliginoso das folhas
- anão
- murcha
- enrolamento e amarelecimento das folhas
- atrofia

Métodos de controlo:

- organofosforados
- pesticidas
- carbamatos
- cultura intercalar com outras culturas
- feromona sexual

Capítulo 38

Pulgão verde do pêssego

Nome científico: *Myzus persicae*

Sintomas:

- necrose do caule do tubérculo
- alimentação externa
- cores anormais das folhas
- padrões anormais das folhas
- melada ou bolor fuliginoso das folhas
- folhas enroladas ou dobradas
- murcha

Métodos de controlo:

- inimigos naturais
- insecticidas
- sementeira precoce
- utilização de sementes certificadas

Capítulo 39

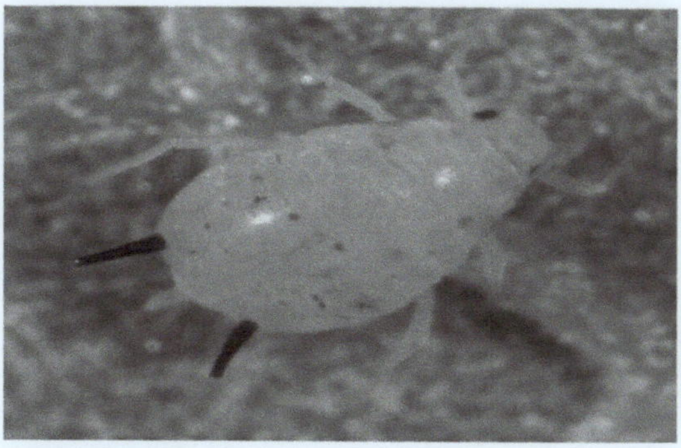

Pulgão do algodão

Nome científico: *Aphis gossypii*

Sintomas:

- amarelecimento das folhas
- folhas enroladas
- torção e distorção
- cores anormais das folhas
- formas anormais das folhas
- melada ou bolor fuliginoso das folhas
- atrofiamento ou reenquadramento dos caules

Métodos de controlo:

- inimigos naturais
- insecticidas
- pesticidas
- cultivo de cultivares resistentes

Capítulo 40

Besouro vermelho da abóbora

Nome científico: *Aulacophora foveicollis*

Sintomas:

- alimentação externa
- alimentação interna
- podridão mole do córtex
- podridão dos caules
- definhamento

Métodos de controlo:

- armadilhas adesivas amarelas
- irrigação ligeira
- pesticidas
- carbamatos
- inimigos naturais

Capítulo 41

Bicho do algodão

Nome científico: *Helicoverpa armigera*

Sintomas:

- esvaziamento dos botões de flores
- alimentação externa
- alimentação interna
- queda prematura de frutos

Métodos de controlo:

- inimigos naturais
- armadilhas de feromonas sexuais femininas
- remoção de resíduos de culturas susceptíveis e de ervas daninhas
- lavoura profunda no outono
- organofosforados
- carbamatos
- parasitóides himenópteros

Capítulo 42

Traça do bacalhau

Nome científico: *Carpocapsa pomonella*

Sintomas:

- alimentação interna
- frassa castanha de frutos
- picadas
- buracos nos frutos
- podridão dos frutos

Métodos de controlo:

- armadilhas de feromonas sexuais
- tiras de cartão canelado cobertas com cola adesiva
- organofosforados
- pesticidas
- técnica masculina estéril
- parasitóides

Capítulo 43

Mosca da ameixa

Nome científico: *Hoplocampa flava*

Sintomas:

- forma anormal dos frutos
- pele malformada do fruto
- orifício de saída óbvio no fruto
- queda prematura de frutos
- alimentação interna

Métodos de controlo:

- lavoura de outono
- desarborização entre fileiras de árvores
- cultivo de cultivares resistentes
- organofosforados
- neonicotinóides

Capítulo 44

Pulgão da romã

Nome científico: *Aphis punicae*

Sintomas:

- queda de folhas
- reduções da qualidade dos frutos da romã
- atrofia
- melada ou bolor fuliginoso
- amarelecimento e enrolamento das folhas

Métodos de controlo:

- organofosforados
- endoparasitóides
- inimigos naturais

Capítulo 45

Gorgulho da palmeira vermelha

Nome científico: *Rhynchophorus ferrugineus*

Sintomas:

- alimentação interna
- gomose ou resinose dos caules
- aborrecimento
- apodrecimento
- morte

Métodos de controlo:

- inimigos naturais
- feromona de agregação
- cultivo de cultivares resistentes
- organofosforados
- nemátodos entomopatogénicos
- pesticidas

Capítulo 46

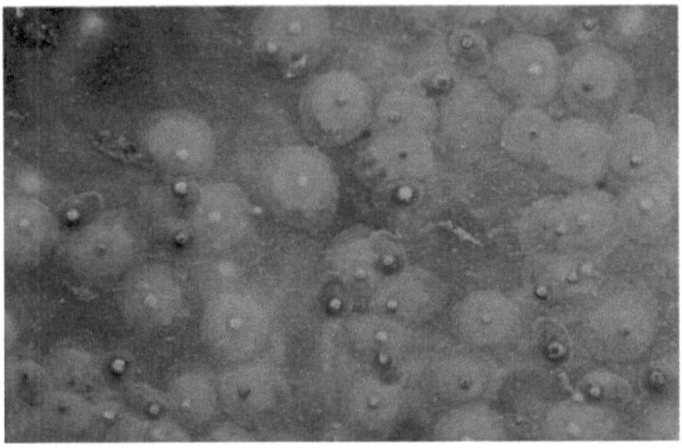

Escama de Dictyospermum

Nome científico: *Chrysomphalus dictyospermi*

Sintomas:

- cores anormais das folhas
- queda anormal de folhas
- alimentação externa
- amarelecimento das folhas
- redução do crescimento das plantas
- morte

Métodos de controlo:

- organofosforados
- inimigos naturais
- óleos brancos

Capítulo 47

Gorgulho dos grãos

Nome científico: *Sitophilus oryzae*

Sintomas:

- alimentação interna
- buracos irregulares no germe
- orifícios irregulares no endosperma do grão

Métodos de controlo:

- armadilhas adesivas
- insecticidas
- remoção de resíduos infestados da colheita da época anterior
- pesticidas
- inimigos naturais

Capítulo 48

Pulgão da espirea

Nome científico: *Aphis spiraecola*

Sintomas:

- forma anormal dos frutos
- melada ou bolor de fruta com fuligem
- cores anormais das folhas
- formas anormais das folhas
- queda anormal de folhas
- folhas enroladas ou dobradas
- crescimento fúngico das folhas
- atrofiamento ou rosetamento dos caules

Métodos de controlo:

organofosforados endoparasitóides inimigos naturais

Capítulo 49

Gorgulho da cápsula do algodão mexicano

Nome científico: *Anthonomus grandis*

Sintomas:

- as flores adquirem uma cor amarela
- alimentação externa
- alimentação interna
- queda ou descamação
- apodrecimento

Métodos de controlo:

- inimigos naturais
- cultivo de cultivares resistentes
- temperaturas elevadas do solo combinadas com condições de seca
- organofosforados
- carbamato
- armadilhas com feromonas

Capítulo 50

Gorgulho da palmeira africana

Nome científico: *Rhynchophorus phoenicis*

Sintomas:

- odor desagradável de fruta
- alimentação interna
- cores anormais das folhas
- folhas amareladas
- salpicado
- necrose nas flores

Métodos de controlo:

- armadilhas com feromonas
- insecticidas
- pesticidas
- cromatografia gasosa combinada

Capítulo 51

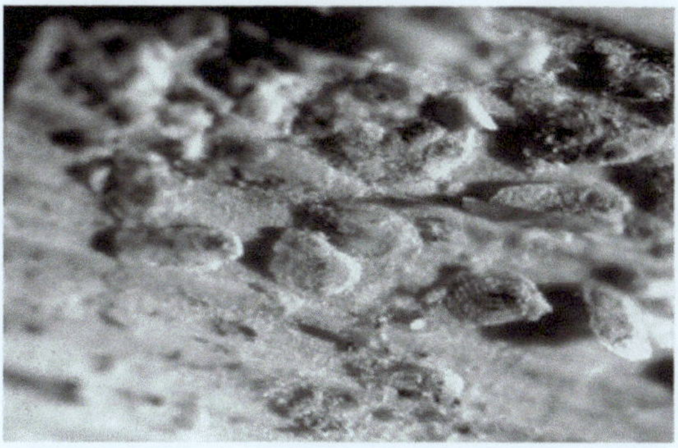

Parlatoria Data Escala

Nome científico: *Parlatoria blanchardi*

Sintomas:

- cores anormais das folhas
- queda anormal de folhas
- folhas amareladas
- descoloração da casca
- alimentação externa

Métodos de controlo:

- organofosforados
- óleo branco
- ectoparasitóide
- predadores
- pesticidas

Capítulo 52

Pulgão preto dos citrinos

Nome científico: *Toxoptera aurantii*

Sintomas:

- distorção
- enrolamento e torção das folhas
- formas anormais das folhas
- folhas enroladas ou dobradas
- flexão da nervura central

Métodos de controlo:

- parasitóides
- pesticidas
- organofosforados
- fungos entomopatogénicos

Capítulo 53

Inseto de Lucerna

Nome científico: *Adelphocoris lineolatus*

Sintomas:

- forma anormal dos frutos
- descoloração dos frutos
- pele malformada do fruto
- tamanho reduzido dos frutos
- folhas anormais
- formas anormais das folhas
- lesões nas sementes

Métodos de controlo:

- queima de restolho e palha de luzerna na primavera
- pesticidas
- isolamento espacial entre culturas de sementes novas e antigas
- remoção de ervas daninhas

Capítulo 54

Sementes de alfafa Chalcid

Nome científico: *Bruchophagus roddi*

Sintomas:

- grãos vazios
- buracos nas sementes

Métodos de controlo:

- aragem profunda
- desarrolhamento
- rotação de culturas
- cultivo de cultivares resistentes
- organofosforados
- endoparasitóides
- inimigos naturais

Capítulo 55

Ácaro da aranha vermelha europeia

Nome científico: *Panonychus ulmi*

Sintomas:

- cores anormais das folhas
- queda anormal de folhas
- aspeto bronzeado das folhas
- escurecimento da parte inferior das folhas
- o tamanho dos frutos é reduzido

Métodos de controlo:

- cultivo de cultivares resistentes
- pesticidas
- inimigos naturais
- insecticidas
- fungo entomopatogénico

Capítulo 56

Tremonha para plantas castanhas

Nome científico: *Nilaparvata lugens*

Sintomas:

- alimentação externa
- descoloração
- melada ou bolor fuliginoso das folhas
- cores anormais das folhas

Métodos de controlo:

- inimigos naturais
- pesticidas
- organofosforados
- fungicidas

Capítulo 57

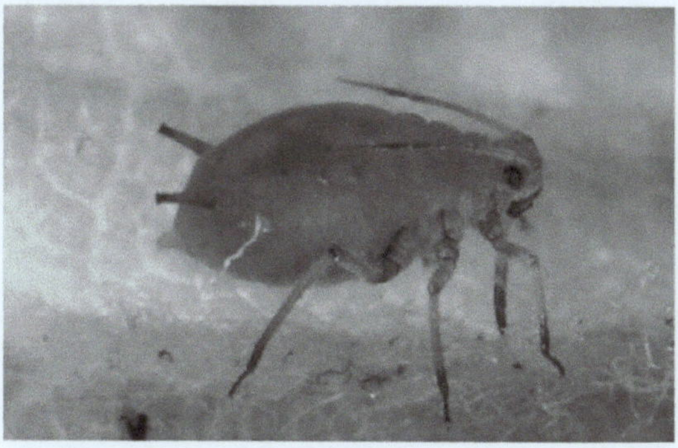

Pulgão da maçã

Nome científico: *Aphis pomi*

Sintomas:

- forma anormal dos frutos
- melada ou bolor fuliginoso das folhas
- cores anormais das folhas
- formas anormais das folhas
- queda anormal de folhas
- folhas enroladas ou dobradas
- alimentação externa

Métodos de controlo:

- pesticidas
- organofosforados
- óleos brancos
- inimigos naturais

Capítulo 58

Broca do caule

Nome científico: *Chilo partellus*

Sintomas:

- alimentação externa
- alimentação interna
- buracos de alfinetes nas folhas
- coração morto
- aborrecimento

Métodos de controlo:

- culturas intercalares
- plantas armadilha
- rotação de culturas
- cultivo de cultivares resistentes
- parasitóides
- fungos entomopatogénicos

Capítulo 59

Ácaro falso da aranha

Nome científico: *Brevipalpus phoenicis*

Sintomas:

- melada ou bolor fuliginoso dos caules
- zonas necróticas nas folhas
- distorção
- descoloração da casca
- anão
- crescimento de bolor na lesão

Métodos de controlo:

- poda
- pesticidas
- fungos entomopatogénicos
- inimigos naturais
- cultivo de cultivares resistentes

Capítulo 60

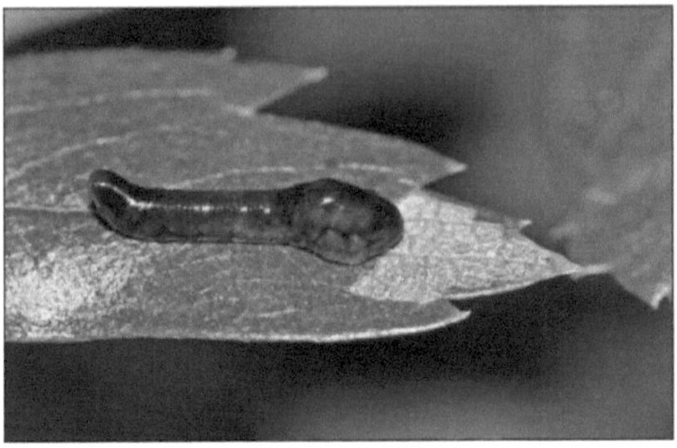

Verme da lesma da pera e da cereja

Nome científico: *Caliroa cerasi*

Sintomas:

- folhas enroladas ou dobradas
- queda anormal de folhas
- queda prematura de frutos
- formas anormais das folhas
- esqueletização das folhas
- descoloração das folhas
- alimentação externa

Métodos de controlo:

- armadilhas adesivas
- pesticidas
- cultivo de cultivares resistentes
- endoparasitóides

Capítulo 61

Gorgulho da maçã

Nome científico: *Tatianaerhynchites aequatus*

Sintomas:

- danos nos fruteiros
- distorção
- buracos nos frutos
- deformação dos frutos

Métodos de controlo:

- organofosfato
- espinosade
- inimigos naturais
- neonicotinóide

Capítulo 62

Falsa traça do bacalhau

Nome científico: *Thaumatotibia leucotreta*

Sintomas:

- alimentação interna
- queda prematura de frutos
- melada ou bolor fuliginoso

Métodos de controlo:

- armadilhas feromonais sexuais
- armadilhas luminosas
- parasitóides
- pesticidas
- remoção de todos os frutos caídos

Capítulo 63

Pinho Processionário

Nome científico: *Thaumetopoea pityocampa*

Sintomas:

- alimentação externa
- folhas amareladas
- morte

Métodos de controlo:

- inimigos naturais
- armadilhas de feromonas sexuais femininas
- pesticidas
- organofosforados
- corte e queima dos ninhos de inverno

Capítulo 64

Pulgão manchado da alfafa

Nome científico: *Therioaphis trifolii*

Sintomas:

- melada ou bolor fuliginoso
- alimentação externa
- zonas necróticas nas folhas
- cores anormais das folhas

Métodos de controlo:

- pesticidas
- cultivo de cultivares resistentes
- organofosforados
- predadores
- endoparasitóides
- fungos entomopatogénicos

Capítulo 65

Tripes do melão

Nome científico: *Thrips palmi*

Sintomas:

- alimentação externa
- forma anormal dos frutos
- cores anormais das folhas
- coração morto
- manchas prateadas nas folhas
- atrofia
- murcha

Métodos de controlo:

- pesticidas
- armadilhas de luz e cor
- inimigos naturais

Capítulo 66

Tripes da cebola

Nome científico: *Thrips tabaci*

Sintomas:

- descoloração da panícula
- lesões nas glumas
- torção e distorção
- cores anormais das folhas
- formas anormais das folhas
- zonas necróticas nas folhas
- morte

Métodos de controlo:

- armadilhas adesivas amarelas ou azuis
- destruição dos resíduos de culturas após a colheita
- cultivo de cultivares resistentes
- organofosforados

Capítulo 67

Mosca branca das estufas

Nome científico: *Trialeurodes vaporariorum*

Sintomas:

- melada ou bolor de fruta com fuligem
- formas anormais das folhas
- cores anormais das folhas
- zonas necróticas nas folhas
- anão

Métodos de controlo:

- remoção de outras culturas e ervas daninhas
- armadilhas adesivas amarelas
- Películas de plástico absorventes de UV
- cultivo de cultivares resistentes
- sabões insecticidas
- pesticidas

Capítulo 68

Besouro vermelho da farinha

Nome científico: *Tribolium castaneum*

Sintomas:

- molde extenso de fruta
- alimentação interna
- crescimento de bolores nos órgãos vegetativos

Métodos de controlo:

- armadilhas com feromonas
- saneamento, remoção e destruição de quaisquer fontes potenciais de infestação
- fungo entomopatogénico
- inimigos naturais
- pesticidas

Capítulo 69

Looper de couve

Nome científico: *Trichoplusia ni*

Sintomas:

- trituração de folhas
- teia de folhas
- frass visível das folhas
- alimentação externa
- alimentação interna
- morte

Métodos de controlo:

- pesticidas
- parasitóides
- armadilhas de luz negra
- armadilhas com feromonas
- cultivo de cultivares resistentes

Capítulo 70

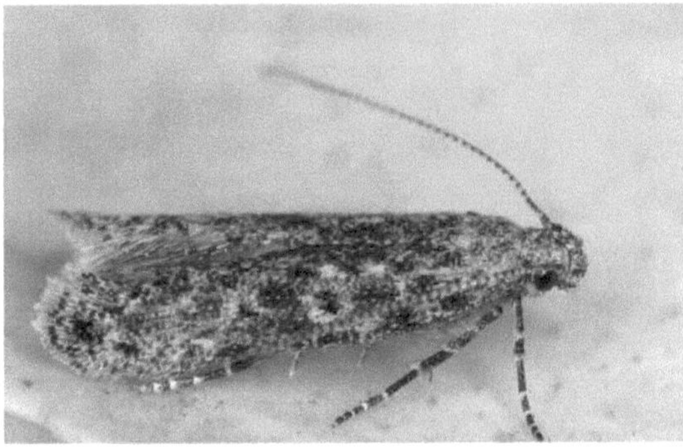

Minador de folhas do tomateiro

Nome científico: *Tuta absoluta*

Sintomas:

- forma anormal dos frutos
- orifício de saída óbvio no fruto
- queda prematura de frutos
- tamanho reduzido dos frutos
- folhas enroladas ou dobradas
- formas anormais das folhas
- zonas necróticas nas folhas

Métodos de controlo:

- armadilhas de feromonas sexuais
- rotação de culturas com culturas não solanáceas
- armadilhas de frequência luminosa
- pesticidas

Capítulo 71

Cochonilha cinzenta da cana-de-açúcar

Nome científico: *Saccharicoccus sacchari*

Sintomas:

- cores anormais das folhas
- melada ou bolor fuliginoso das folhas
- alimentação externa
- amarelecimento das folhas
- atrofia

Métodos de controlo:

- utilização de canas de sementeira livres de pragas
- organofosforados
- fungos entomopatogénicos
- parasitóides
- pesticidas

Capítulo 72

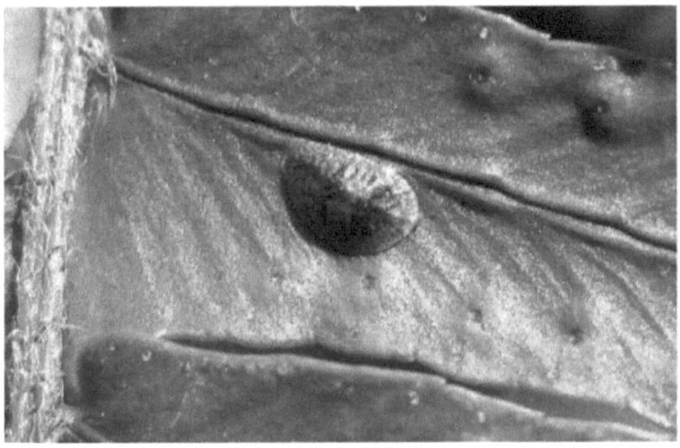

Escala hemisférica

Nome científico: *Saissetia coffeae*

Sintomas:

- melada ou bolor fuliginoso dos caules
- melada ou bolor fuliginoso das folhas
- queda anormal de folhas
- formas anormais das folhas
- atordoamento ou reinicialização
- murcha
- alimentação externa

Métodos de controlo:

- pesticidas
- inimigos naturais
- óleos brancos
- parasitóides

Capítulo 73

Escama de azeitona

Nome científico: *Saissetia oleae*

Sintomas:

- queda anormal de folhas
- melada ou bolor fuliginoso das folhas
- murcha
- alimentação externa
- cobertura de frutos e folhas por uma espessa massa negra

Métodos de controlo:

- pesticidas
- inimigos naturais
- óleo branco
- endoparasitóides encyrtid

Capítulo 74

Tripes do pimentão

Nome científico: *Scirtothrips dorsalis*

Sintomas:

- distorção
- cores anormais das folhas
- queda anormal de folhas
- formas anormais das folhas
- rosetagem
- murcha
- anão

Métodos de controlo:

- pesticidas
- armadilhas adesivas amarelas
- fungo entomopatogénico
- parasitóides (por exemplo, *Megaphragma spp.)*

Capítulo 75

Traça da beterraba

Nome científico: *Scrobipalpa ocellatella*

Sintomas:

- folhas enroladas ou dobradas
- distorção
- amarelecimento das folhas
- alimentação interna
- folhas enegrecidas
- murcha

Métodos de controlo:

- armadilhas com feromonas
- pesticidas
- irrigação aérea
- organofosforados
- endoparasitóides

Capítulo 76

Broca da cana-de-açúcar

Nome científico: *Sesamia cretica*

Sintomas:

- alimentação externa
- alimentação interna
- coração morto
- orifícios e escarificação superficial dos tecidos foliares

Métodos de controlo:

- corte ou queima após a colheita
- sementeira precoce
- inimigos naturais
- cultivo de cultivares resistentes
- captação de luz
- parasitóides

Capítulo 77

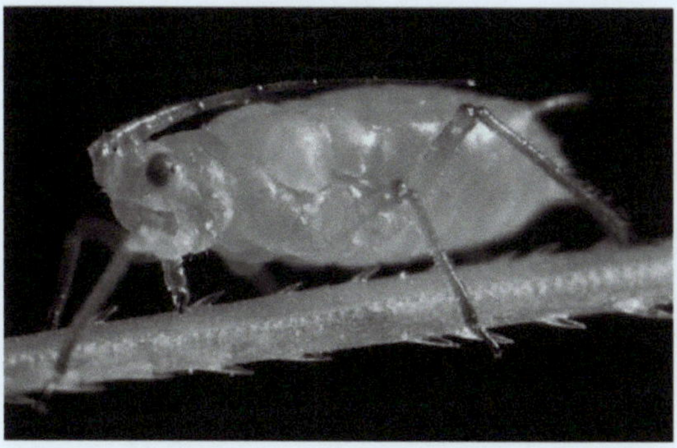

Pulgão do trigo

Nome científico: *Sitobion avenae*

Sintomas:

- descoloração da panícula
- cores anormais das folhas
- melada ou bolor fuliginoso das folhas
- amarelecimento das folhas

Métodos de controlo:

- remoção de ervas daninhas
- pesticidas
- cultivo de cultivares resistentes
- sementeira tardia no outono
- inimigos naturais
- insecticidas

Capítulo 78

Escama de ameixa

Nome científico: *Sphaerolecanium prunastri*

Sintomas:

- melada ou bolor de fruta com fuligem
- distorção
- necrose
- atrofia
- alimentação externa
- reinicialização

Métodos de controlo:

- pesticidas
- endoparasitóides
- cultivo de cultivares resistentes
- inimigos naturais

Capítulo 79

Verme da folha de algodão

Nome científico: *Spodoptera littoralis*

Sintomas:

- borra visível
- alimentação interna
- orifício de saída óbvio no fruto
- queda prematura de frutos
- trituração
- alimentação externa

Métodos de controlo:

- parasitóides
- pesticidas
- armadilhas de feromonas sexuais
- nemátodos entomopatogénicos

Capítulo 80

Mosca de feijão

Nome científico: *Ophiomyia phaseoli*

Sintomas:

- alimentação interna
- murcha
- anão
- manchas amarelas nas folhas
- folhas manchadas

Métodos de controlo:

- insecticidas
- destruição de resíduos de culturas com sintomas de danos
- rotação de culturas
- parasitóides
- remoção de quaisquer leguminosas selvagens
- cultivo de cultivares resistentes

Capítulo 81

Besouro mediterrânico do pinheiro

Nome científico: *Orthotomicus erosus*

Sintomas:

- amarelecimento das folhas
- frassa visível de caules
- gomose ou resinose dos caules
- morte

Métodos de controlo:

- armadilhas em forma de funil
- inimigos naturais
- evitar a plantação de pinheiros em sítios inadequados
- remoção rápida de árvores derrubadas pelo vento
- desbaste periódico para reduzir o encabeçamento

Capítulo 82

Broca do Milho

Nome científico: *Ostrinia nubilalis*

Sintomas:

- frassa visível de caules
- alimentação externa
- alimentação interna

Métodos de controlo:

- armadilhas de luz negra
- armadilhas de feromonas sexuais
- cultivo de cultivares resistentes
- parasitóides (por exemplo, *Trichogramma spp.)*
- fungo entomopatogénico
- predadores

Capítulo 83

Borboleta azul ervilha

Nome científico: *Lampides boeticus*

Sintomas:

- forma anormal dos frutos
- descoloração dos frutos
- alimentação interna
- buracos nos botões de flores e nas vagens

Métodos de controlo:

- cultivo de cultivares resistentes
- pulverizações de *deltametrina* e ácido *tiossulfúrico*
- carbamato
- piretróides

Capítulo 84

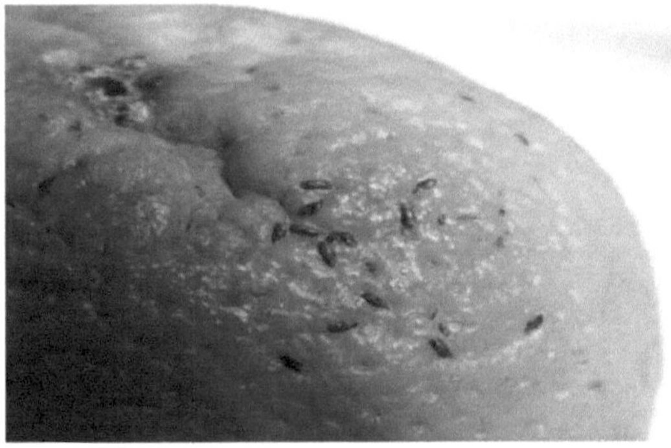

Escala roxa

Nome científico: *Lepidosaphes beckii*

Sintomas:

- cores anormais das folhas
- forma anormal dos frutos
- formas anormais das folhas
- descoloração dos frutos
- queda anormal de folhas
- amarelecimento das folhas
- murcha

Métodos de controlo:

- organofosforados
- óleos brancos
- ectoparasitóide afelinídeo
- inimigos naturais

Capítulo 85

Traça da bolha da folha da pera

Nome científico: *Leucoptera malifoliella*

Sintomas:

- alimentação interna
- queda anormal de folhas
- zonas necróticas nas folhas

Métodos de controlo:

- armadilhas de feromonas sexuais
- cultivo de cultivares resistentes
- fungo entomopatogénico
- parasitóides eulófagos
- pesticidas

Capítulo 86

Minerador de folhas de serpentina

Nome científico: *Liriomyza trifolii*

Sintomas:

- queda anormal de folhas
- cores anormais das folhas
- formas anormais das folhas
- murcha
- zonas necróticas nas folhas
- alimentação interna
- alimentação externa

Métodos de controlo:

- armadilhas adesivas amarelas
- aragem profunda
- endoparasitóides
- remoção e destruição de plantas e ervas daninhas infestadas

Capítulo 87

Traça das bagas de uva

Nome científico: *Lobesia botrana*

Sintomas:

- alimentação externa
- alimentação interna
- borra visível
- molde extenso de fruta
- orifício de saída óbvio no fruto

Métodos de controlo:

- armadilhas com feromonas
- cultivo de cultivares de estação precoce
- parasitóides
- piretróides

Capítulo 88

Traça do jasmim

Nome científico: *Palpita vitrealis*

Sintomas:

- folhas enroladas ou dobradas
- cintas
- borra visível
- alimentação externa

Métodos de controlo:

- armadilhas com feromonas sexuais
- organofosforados
- parasitóides (por exemplo, *Trichogramma spp.* e *Apanteles spp.)*
- predadores

Capítulo 89

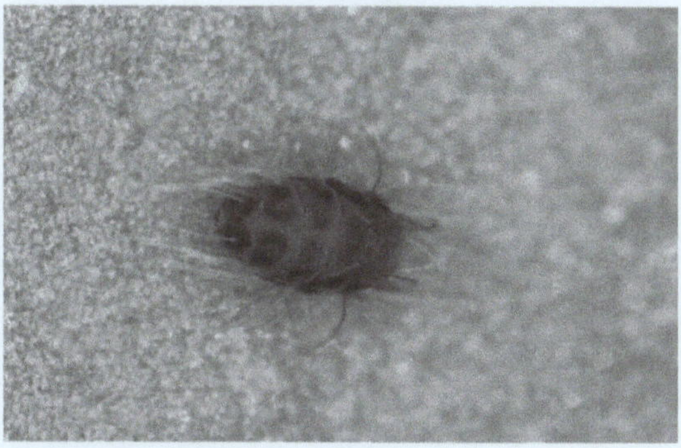

Ácaro vermelho dos citrinos

Nome científico: *Panonychus citri*

Sintomas:

- padrões anormais de frutos
- queda anormal de folhas
- cores anormais das folhas
- murcha
- amarelecimento das folhas
- zonas necróticas nas folhas
- padrões anormais das folhas
- alimentação externa

Métodos de controlo:

pesticidas

inimigos naturais boa irrigação das culturas

Capítulo 90

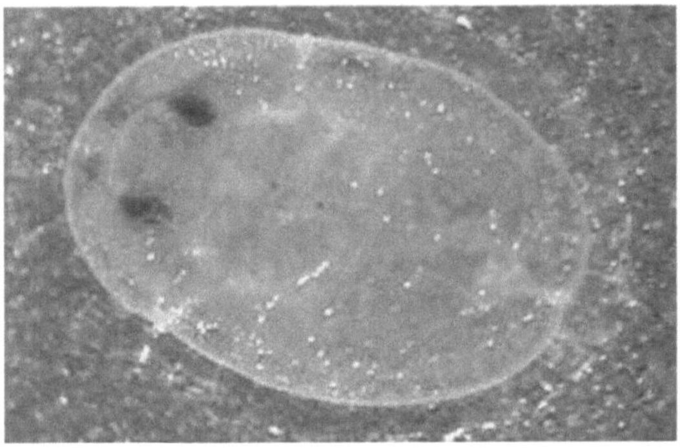

Mosca branca da bérberis

Nome científico: *Parabemisia myricae*

Sintomas:

- queda anormal de folhas
- melada ou bolor fuliginoso das folhas
- melada ou bolor fuliginoso dos caules

Métodos de controlo:

- endoparasitóides
- inimigos naturais
- pesticidas

Capítulo 91

Balança de romã

Nome científico: *Parasaissetia nigra*

Sintomas:

- queda anormal de folhas
- formas anormais das folhas
- cores anormais das folhas
- melada ou bolor fuliginoso das folhas
- melada ou bolor fuliginoso dos caules
- atrofia
- rosetagem

Métodos de controlo:

- óleos brancos
- pesticidas
- inimigos naturais

Capítulo 92

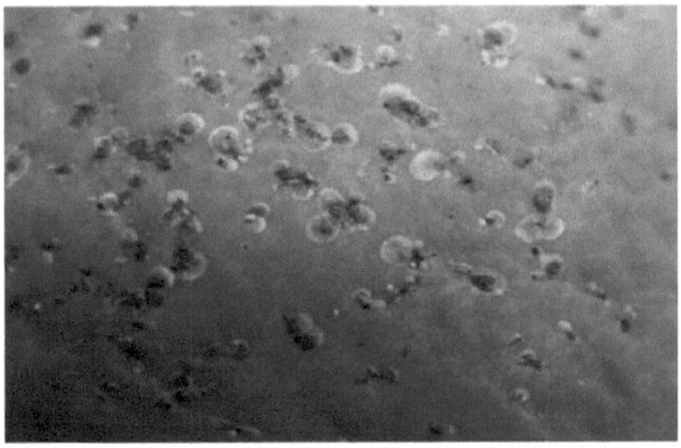

Escala de palha

Nome científico: *Parlatoria pergandii*

Sintomas:

- descoloração dos frutos
- forma anormal dos frutos
- amarelecimento das folhas
- murcha
- padrões anormais das folhas
- queda anormal de folhas
- formas anormais das folhas

Métodos de controlo:

- jactos de água a alta pressão
- organofosforados
- inimigos naturais
- óleos brancos

Capítulo 93

Bicho-da-farinha-rosa

Nome científico: *Pectinophora gossypiella*

Sintomas:

- alimentação interna
- alimentação externa
- queda prematura de frutos
- lesões nos frutos

Métodos de controlo:

- armadilhas com feromonas
- organofosforados
- pesticidas
- parasitóides

Capítulo 94

Pulgão da banana

Nome científico: *Pentalonia nigronervosa*

Sintomas:

- zonas necróticas nas folhas
- folhas enroladas ou dobradas
- melada ou bolor fuliginoso nas folhas
- cores anormais nas folhas
- anão
- alimentação externa

Métodos de controlo:

- cobertura de frutos com sacos de polietileno
- organofosforados
- inimigos naturais
- pesticidas

Capítulo 95

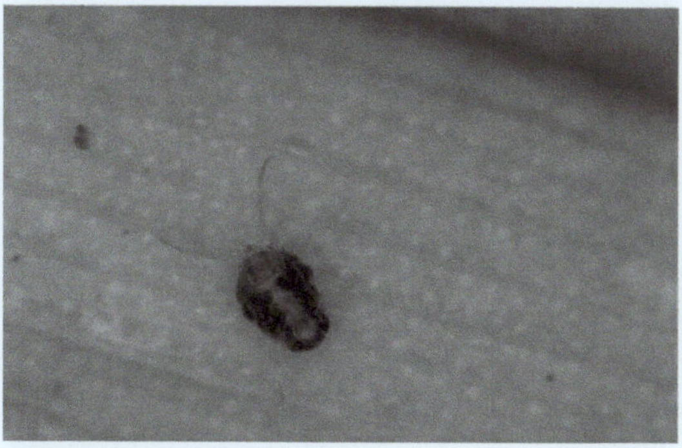

Ácaro castanho do trigo

Nome científico: *Petrobia latens*

Sintomas:

- amadurecimento prematuro
- senescência precoce
- grãos vazios
- murcha
- padrões anómalos
- amarelecimento das folhas
- cores anormais das folhas

Métodos de controlo:

- aragem profunda
- rotação de culturas
- organofosforados
- cultivo de cultivares resistentes

Capítulo 96

Cochonilha do algodão

Nome científico: *Phenacoccus solenopsis*

Sintomas:

- descoloração
- melada ou bolor fuliginoso
- anão
- senescência precoce
- murcha
- folhas enroladas ou dobradas
- queda prematura de frutos
- atrofia

Métodos de controlo:

endoparasitóide espinosade espirotetramato

Capítulo 97

Broca do eucalipto

Nome científico: *Phoracantha semipunctata*

Sintomas:

- amarelecimento das folhas
- gomose ou resinose dos caules
- alimentação interna
- morte

Métodos de controlo:

- desobstrução e corte de todas as árvores atacadas e mortas
- parasitóides
- tratamento de toros de madeira recentemente cortada

Capítulo 98

Traça do tubérculo da batata

Nome científico: *Phthorimaea operculella*

Sintomas:

- murcha
- apodrecimento
- alimentação interna
- podridão mole do córtex

Métodos de controlo:

- utilização de tubérculos sãos
- armadilhas com feromonas
- remoção de infestantes solanáceas
- parasitóides
- organofosforados
- cultivo de cultivares resistentes

Capítulo 99

Minador de folhas de citrinos

Nome científico: *Phyllocnistis citrella*

Sintomas:

- queda anormal de folhas
- folhas enroladas ou dobradas
- zonas necróticas nas folhas
- alimentação interna

Métodos de controlo:

- parasitóides (por exemplo, *Ageniaspis citricola* e *Cirrospilus quadristriatus')*
- insecticidas
- armadilhas com feromonas

Capítulo 100

Ácaro da ferrugem dos citrinos

Nome científico: *Phyllocoptruta oleivora*

Sintomas:

- descoloração dos frutos
- bronzeamento das folhas
- folhas enroladas ou dobradas
- formas anormais das folhas
- zonas necróticas nas folhas
- descoloração dos caules

Métodos de controlo:

- pesticidas
- inimigos naturais
- fungos acaropatogénicos

Capítulo 101

Escaravelho da pulga Crucifer

Nome científico: *Phyllotreta cruciferae*

Sintomas:

- lesões de frutos
- zonas necróticas nas folhas
- murcha
- sementes murchas
- descoloração da casca
- corte na base do caule
- anão

Métodos de controlo:

- armadilhas adesivas amarelas
- espinosade
- carbamato
- cultivo de cultivares resistentes

Capítulo 102

Pulgão da lã do pinheiro

Nome científico: *Pineus pini*

Sintomas:

- forma anormal dos frutos
- anão
- atrofia
- queda anormal de folhas
- amarelecimento das folhas
- distorção dos caules
- senescência precoce

Métodos de controlo:

- cultivo de cultivares resistentes
- predadores
- inimigos naturais

Capítulo 103

Ácaro largo

Nome científico: *Polyphagotarsonemus latus*

Sintomas:

- forma anormal dos frutos
- descoloração dos frutos
- torção e distorção
- cores anormais das folhas
- formas anormais das folhas
- zonas necróticas nas folhas
- distorção

Métodos de controlo:

- cultivo de cultivares resistentes
- organofosforados
- avermectinas

Capítulo 104

Broca do caroço da azeitona

Nome científico: *Prays oleae*

Sintomas:

- queda prematura de frutos
- borra visível
- cintas
- alimentação interna
- alimentação externa

Métodos de controlo:

- armadilhas com feromonas
- organofosforados
- parasitóides
- predadores

Capítulo 105

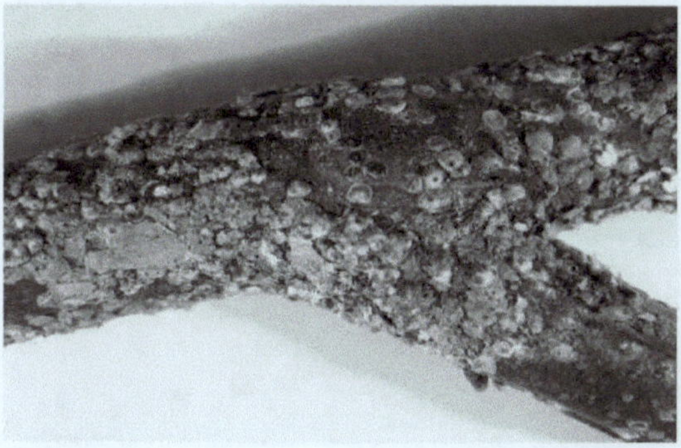

Balança Mulberry

Nome científico: *Pseudaulacaspis pentagona*

Sintomas:

- queda anormal de folhas
- amarelecimento das folhas
- descoloração da casca
- anão
- distorção
- senescência precoce

Métodos de controlo:

- armadilhas com feromonas
- armadilhas adesivas amarelas
- remoção de escamas de árvores fortemente infestadas
- óleos brancos
- parasitóides

Capítulo 106

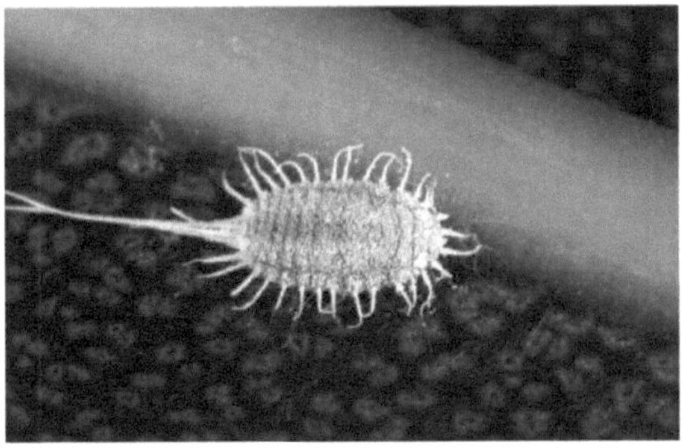

Cochonilha de cauda longa

Nome científico: *Pseudococcus longispinus*

Sintomas:

- melada ou bolor de fruta com fuligem
- queda prematura de frutos
- folhas enroladas ou dobradas
- alimentação externa
- melada ou bolor fuliginoso das folhas

Métodos de controlo:

- organofosforados
- endoparasitóides
- cultivo de cultivares resistentes

Capítulo 107

Pulgão preto do pêssego

Nome científico: *Pterochloroides persicae*

Sintomas:

- melada ou bolor de fruta com fuligem
- queda prematura de frutos
- melada ou bolor fuliginoso das folhas
- alimentação externa

Métodos de controlo:

- pesticidas
- parasitóides
- fungos entomopatogénicos

Capítulo 108

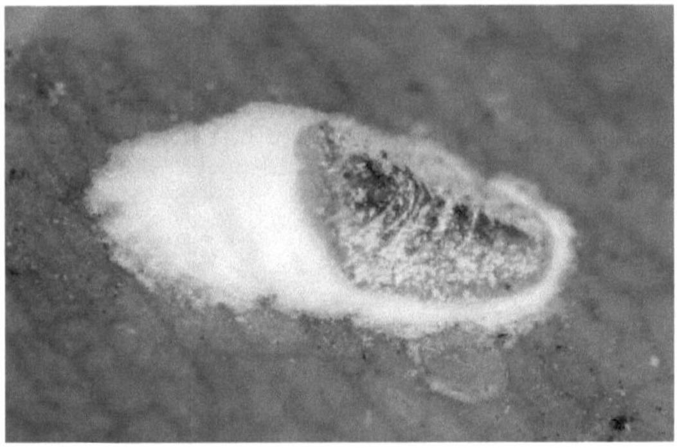

Escala do escudo verde

Nome científico: *Pulvinaria psidii*

Sintomas:

- melada ou bolor de fruta com fuligem
- queda anormal de folhas
- alimentação externa
- morte
- melada ou bolor fuliginoso dos caules
- queda ou desprendimento da inflorescência

Métodos de controlo:

- organofosforados
- endoparasitóides

Capítulo 109

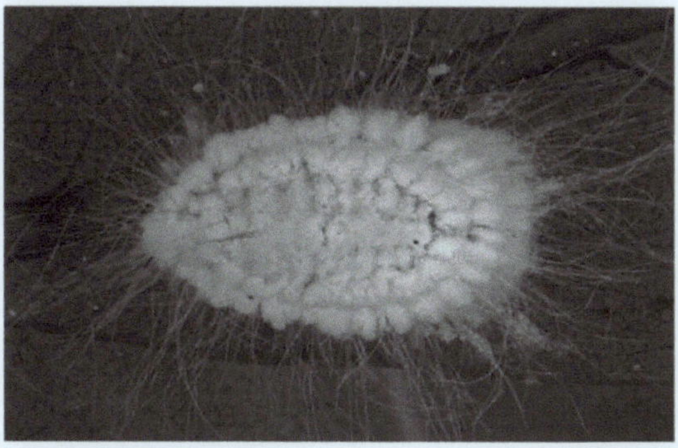

Escala das Seychelles

Nome científico: *Icerya seychellarum*

Sintomas:

- queda anormal de folhas
- melada ou bolor fuliginoso das folhas
- alimentação externa
- anão
- melada ou bolor fuliginoso dos caules

Métodos de controlo:

- fungos entomopatogénicos
- inimigos naturais
- predadores

Capítulo 110

Tripes do loureiro cubano

Nome científico: *Gynaikothrips ficorum*

Sintomas:

- queda anormal de folhas
- formas anormais das folhas
- folhas enroladas ou dobradas
- zonas necróticas nas folhas
- alimentação externa

Métodos de controlo:

- poda e queima de todas as folhas infestadas
- insecticidas
- vespas parasitóides
- predadores

Capítulo 111

Cochonilha listrada

Nome científico: *Ferrisia virgate*

Sintomas:

- descoloração dos frutos
- melada ou bolor de fruta com fuligem
- cores anormais das folhas
- murcha
- coração morto
- alimentação externa

Métodos de controlo:

- organofosforados
- endoparasitóides
- *Diazinão, Malatião* e *Dimetoato*
- vespa parasitoide

Capítulo 112

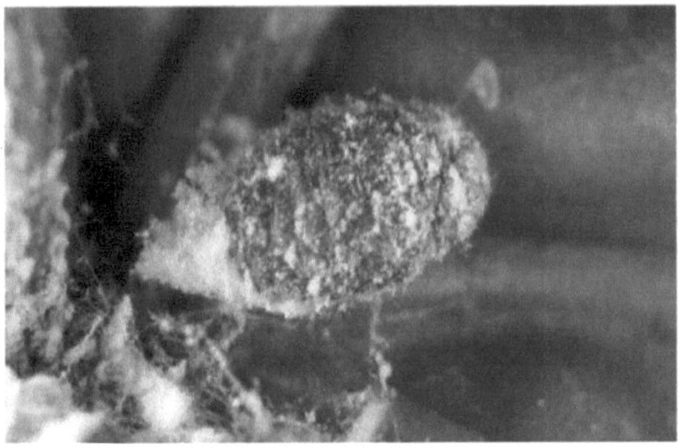

Cochonilha do hibisco cor-de-rosa

Nome científico: *Maconellicoccus hirsutus*

Sintomas:

- forma anormal dos frutos
- queda prematura de frutos
- queda anormal de folhas
- formas anormais das folhas
- atrofiamento ou roseta
- murcha

Métodos de controlo:

- armadilhas de feromonas sexuais
- parasitóides
- inimigos naturais

Capítulo 113

Mosca de Hesse

Nome científico: *Mayetiola destructor*

Sintomas:

- anão
- atrofiamento ou roseta
- torção
- distorção
- morte

Métodos de controlo:

- armadilhas de feromonas sexuais
- debulhar ou queimar restos de trigo
- rotação de culturas
- parasitóides
- cultivo de cultivares resistentes

Capítulo 114

Bicho da couve

Nome científico: *Hellula undalis*

Sintomas:

- murcha
- teia de folhas
- alimentação interna
- alimentação externa
- coração morto

Métodos de controlo:

- armadilhas com feromonas pegajosas
- rotação de culturas
- organofosforados
- parasitóides
- utilizando materiais de plantação limpos e transplantando apenas plantas saudáveis

Capítulo 115

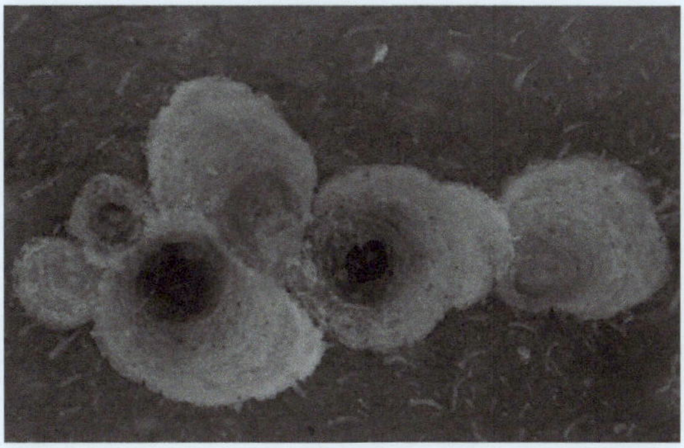

Escala Latania

Nome científico: *Hemiberlesia lataniae*

Sintomas:

- padrões anormais de frutos
- descoloração dos frutos
- formas anormais das folhas
- padrões anormais das folhas
- descoloração dos caules
- alimentação externa

Métodos de controlo:

- remoção das escamas dos troncos e dos ramos por esfregação
- óleos brancos
- parasitóides

Capítulo 116

Broca do caule do Egito

Nome científico: *Earias insulana*

Sintomas:

- orifício de saída óbvio no fruto
- murcha
- aborrecimento
- alimentação interna

Métodos de controlo:

- armadilhas de feromonas sexuais femininas
- queima de campos de algodão até uma profundidade de 30 cm
- aragem profunda
- insecticidas
- parasitoides

Capítulo 117

Cravo Tortrix

Nome científico: *Cacoecimorpha pronubana*

Sintomas:

- torção
- folhas enroladas ou dobradas
- cintas
- distorção

Métodos de controlo:

- armadilhas de feromonas sexuais
- endoparasitóide
- piretróides (por exemplo, *deltametrina* e *fenvalerato)*

Capítulo 118

Escala suave

Nome científico: *Ceroplastes floridensis*

Sintomas:

- melada ou bolor de fruta com fuligem
- queda anormal de folhas
- cores anormais das folhas
- murcha
- alimentação externa
- alimentação interna

Métodos de controlo:

- organofosforados
- endoparasitóides
- inimigos naturais

Capítulo 119

Balança de cera de figo

Nome científico: *Ceroplastes rusci*

Sintomas:

- descoloração dos frutos
- melada ou bolor de fruta com fuligem
- melada ou bolor fuliginoso das folhas
- alimentação externa

Métodos de controlo:

- óleos minerais brancos
- organofosforados
- endoparasitóides

Capítulo 120

Tripes do antúrio

Nome científico: *Chaetanaphothrips orchidii*

Sintomas:

- descoloração da panícula
- lesões nas glumas
- torção e distorção
- formas anormais das folhas
- zonas necróticas nas folhas

Métodos de controlo:

- remoção das flores e folhagens infestadas do campo
- spinosade combinado com óleos de verão
- insecticidas

Capítulo 121

Escala circular

Nome científico: *Chrysomphalus aonidum*

Sintomas:

- queda anormal de folhas
- cores anormais das folhas
- queda prematura de frutos
- descoloração dos frutos
- lesões nos frutos
- zonas necróticas nas folhas
- melada ou bolor fuliginoso das folhas

Métodos de controlo:

- aplicação de jactos de água a alta pressão máquinas de descalcificação
- endoparasitóide
- óleo branco
- insecticidas

Capítulo 122

Piralide dos citrinos

Nome científico: *Cryptoblabes gnidiella*

Sintomas:

- teia de folhas
- alimentação interna
- alimentação externa

Métodos de controlo:

- armadilhas de feromonas sexuais
- pesticidas
- insecticidas

Capítulo 123

Ácaro do tomateiro

Nome científico: *Aculops lycopersici*

Sintomas:

- lesões de frutos
- queda anormal de folhas
- formas anormais das folhas
- crescimento fúngico das folhas
- zonas necróticas nas folhas
- amarelecimento das folhas
- murcha
- senescência precoce

Métodos de controlo:

predadores acaricidas

Capítulo 124

Broca do ramo do pessegueiro

Nome científico: *Anarsia lineatella*

Sintomas:

- gomose de frutos
- murcha
- alimentação interna
- morte

Métodos de controlo:

- armadilhas de feromonas sexuais
- poda de rebentos com sinais de pragas
- *espinosade* e *avemectina*
- parasitóides

Capítulo 125

Rolo Europeu de Folhas

Nome científico: *Archips rosana*

Sintomas:

- folhas enroladas ou dobradas
- alimentação externa
- queda prematura de frutos
- teia de folhas

Métodos de controlo:

- eliminação dos ramos inferiores ou fracos
- organofosfato
- parasitóides
- insecticidas

Capítulo 126

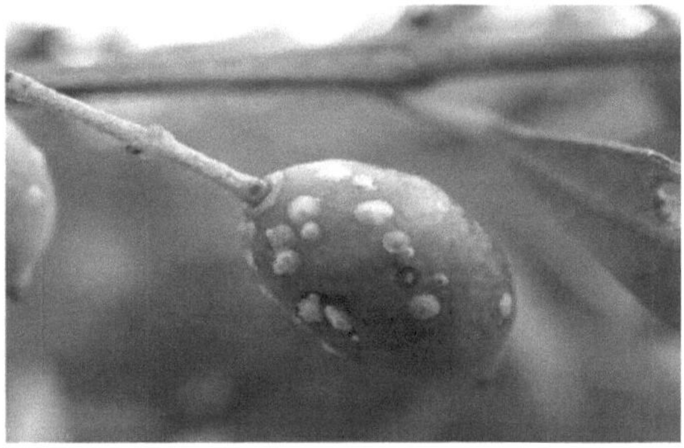

Escama de Oleandro

Nome científico: *Aspidiotus nerii*

Sintomas:

- forma anormal dos frutos
- descoloração dos frutos
- queda anormal de folhas
- padrões anormais das folhas
- formas anormais das folhas
- murcha
- amarelecimento das folhas

Métodos de controlo:

- óleos minerais
- organofosfato
- parasitoide
- inimigos naturais

Capítulo 127

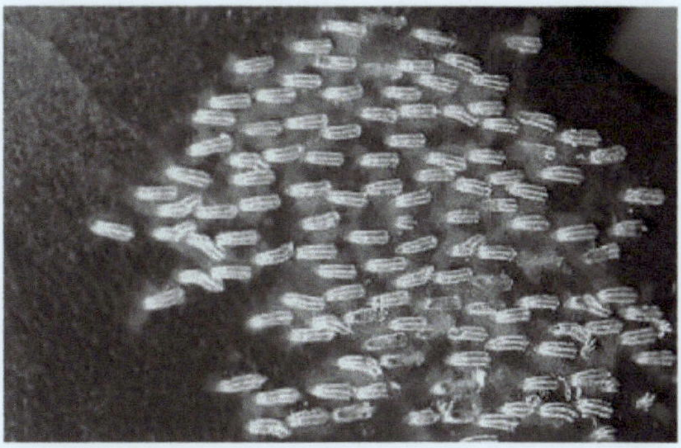

Balança de manga

Nome científico: *Aulacaspis tubercularis*

Sintomas:

- descoloração dos frutos
- lesões nos frutos
- cores anormais das folhas
- alimentação externa

Métodos de controlo:

- poda e remoção de galhos e folhagens infestados
- sprays com óleos
- inimigos naturais
- parasitóides

Capítulo 128

Traça Y prateada

Nome científico: *Autographa gamma*

Sintomas:

- folhas enroladas ou dobradas
- teia de folhas
- borra visível
- alimentação externa

Métodos de controlo:

- armadilhas luminosas
- armadilhas de feromonas sexuais
- armadilhas luminosas
- remoção de ervas daninhas
- parasitóides

Capítulo 129

Mosca da azeitona

Nome científico: *Bactrocera oleae*

Sintomas:

- lesões nos frutos
- buracos nos frutos
- queda prematura de frutos
- alimentação interna

Métodos de controlo:

- armadilhas adesivas amarelas
- cultivo de cultivares resistentes
- pesticidas
- parasitóides
- insecticidas

Capítulo 130

Tripes da vinha preta

Nome científico: *Retithrips syriacus*

Sintomas:

- forma anormal dos frutos
- descoloração dos frutos
- lesões nos frutos
- tamanho reduzido dos frutos
- zonas necróticas nas folhas
- cores anormais das folhas
- alimentação interna

Métodos de controlo:

- parasitóides
- pesticidas

Capítulo 131

Pulgão do milho verde

Nome científico: *Rhopalosiphum maidis*

Sintomas:

- melada ou bolor fuliginoso das folhas
- formas anormais das folhas
- cores anormais das folhas
- murcha
- alimentação externa

Métodos de controlo:

- sifões de água de panela amarela
- cultivo de cultivares resistentes
- insecticidas
- predadores
- sementeira precoce

Capítulo 132

Pulgão dos cereais

Nome científico: *Rhopalosiphum padi*

Sintomas:

- melada ou bolor fuliginoso das folhas
- folhas enroladas ou dobradas
- murcha
- zonas necróticas nas folhas
- alimentação externa

Métodos de controlo:

- armadilhas de aspiração
- culturas intercalares
- cultivo de cultivares resistentes
- insecticidas
- fungos entomopatogénicos

Capítulo 133

Inseto fedorento verde

Nome científico: *Nezara viridula*

Sintomas:

- lesões nos frutos
- forma anormal dos frutos
- queda prematura de frutos
- melada ou bolor fuliginoso das folhas
- alimentação externa
- queda ou descamação

Métodos de controlo:

- armadilhas de feromonas sexuais
- organofosforados
- pesticidas
- parasitóides
- cultivo de cultivares resistentes

Referências

Alford, D. V. (2007). *Pragas das culturas frutícolas: A colour handbook.* Londres: Manson Publishing.

Alford, D. V. (2008). *Pest and disease management handbook (Manual de gestão de pragas e doenças).* John Wiley & Sons.

Bailey, P. T. (2007). *Pragas das culturas arvenses e das pastagens: Identificação e controlo.*

CSIRO Publishing.

Buczacki, S., & Harris, K. M. (2000). *Pests, diseases and disorders of garden plants.* London: Collins.

Capinera, J. L. (2001). *Handbook of vegetable pests.* Califórnia: Academic Press.

Dent, D. (2000). *Gestão das pragas de insectos*. Londres: CABI Publishing.

Hajek, A. (2004). *Inimigos naturais: An introduction to biological control.* Cambridge: Cambridge University Press.

Hill, D. S. (2008). *Pragas de culturas em climas mais quentes e seu controlo*. Springer International Publishing.

Paul, H., & Jessica, P. (2008). *Manejo integrado de pragas: Para culturas e pastagens.* Austrália: Landlinks Press.

Pena, J. E. (2013). *Potenciais pragas invasoras de culturas agrícolas*. Editora CABI.

Pimentel, D. (2007). *Encyclopedia of pest management.* London: CRC Press.

Pinniger, D. (2015). *Gestão integrada de pragas para o património cultural.* Londres: Archetype.

van Emden, H. F., & Service, M. W. (2004). *Controlo de pragas e vectores.* Cambridge: Cambridge University Press.

Nota: Todas as imagens deste livro foram retiradas do *Google Images.*

MIX
Papier aus verantwortungsvollen Quellen
Paper from responsible sources
FSC® C105338

Printed by Books on Demand GmbH, Norderstedt / Germany